Bibliographic information published by the German National Library:

The German National Library lists this publication in the National Bibliography; detailed bibliographic data are available on the Internet at http://dnb.dnb.de .

Imprint:

Print and binding: Books on Demand GmbH, Norderstedt Germany
ISBN: 9783668804975

This book at GRIN:

https://www.grin.com/document/440950

Germán Guayara Murillo

Currículo de ciencias naturales. Implementación de estrategias de enseñanza-aprendizaje de las propiedades físicas de la materia en sexto grado de básica seucndaria

GRIN Verlag

CURRÍCULO DE CIENCIAS NATURALES: IMPLEMENTACIÓN DE ESTRATEGIAS DE ENSEÑANZA-APRENDIZAJE DE LAS PROPIEDADES FÍSICAS DE LA MATERIA EN SEXTO GRADO DE BÁSICA SECUNDARIA

GERMÁN GUAYARA MURILLO

UNIVERSIDAD DE LOS ANDES

FACULTAD DE EDUCACIÓN

MAESTRÍA EN EDUCACIÓN

CURSO DE CURRÍCULO Y PEDAGOGÍA

IBAGUÉ, TOLIMA, 2016

CONTENIDO

INTRODUCCIÓN

La permanente reflexión sobre el trabajo en el área de Ciencias Naturales, específicamente en el aprendizaje del estudiante es un punto de referencia para diseñar e implementar estrategias que aporten a la calidad del aprendizaje de los estudiantes. En este aspecto el Ministerio de Educación Nacional ha diseñado unos referentes de calidad basados en el desarrollo por competencias y articulados con la evaluación censal o prueba saber, la cual se constituye en el parámetro de lo que todo estudiante debe saber, saber hacer y saber ser. Tal estructura permite al docente manejar un nivel significativo de autonomía curricular junto con la del contexto institucional.

En este escenario, diversos procesos entre ellos la investigación le permite al docente transformar su práctica de aula con el fin de mejorar los resultados académicos. En este sentido se observa que en una institución educativa del municipio de Melgar, la cual cuenta con cerca de 1500 estudiantes distribuidos en 12 sedes. Los resultados obtenidos no solo dentro del aula de clase, sino en las pruebas estandarizadas del Ministerio de Educación Nacional, como son las pruebas SABER del grado 5 develan que la gran mayoría de los estudiantes en el año 2012 se encontraban en el rango de puntaje mínimo, este es un 66,66%. Además durante los dos primeros periodos académicos de este año escolar 2016 el 55% de los alumnos del primer grado de Básica Secundaria presentaron desempeño académico bajo en el área de Ciencias Naturales que se encuentra en el rango de 1 a 6,49. (resultados arrojados por la plataforma de Syscolegios del sistema de evaluación de la institución.). Esto revela un panorama desalentador y de ahí la importancia de adelantar estudios sobre este tema[1], y acerca de posibles causas de estos resultados siendo una de ellas la falta de aplicación de estrategias pedagógicas en el área, que estén en concordancia con el modelo pedagógico de la institución el cual es constructivista-colaborativo.

Por tanto es indispensable la revisión del currículo operativo institucional para convertirlo en un elemento dinámico en el proceso de enseñanza-aprendizaje en las Ciencias Naturales, debido a que los resultados presentados por los estudiantes demuestran la necesidad de un cambio curricular. Los hacedores de este proceso somos los docentes ya

[1] Ultimo año que se aplicó la prueba saber en Ciencias Naturales al grado 5.

que diseñamos el currículo para lograr efectos en los estudiantes, de manera que la organización de los contenidos curriculares les permite transformar su entorno y ajustarlos a la realidad social que están viviendo. Por ende el currículo de las Ciencias Naturales posibilita que exista esa sinergia docente-discente en la construcción del conocimiento siendo este el facilitador de este cambio (Doyle, 1992). Por consiguiente, la inclusión de estrategias pedagógicas diferentes en los contenidos programáticos posibilitará probablemente estos cambios tan necesarios en ésta área.

Es así que en esta investigación se pretendió diseñar un punto de partida con la implementación de secuencias didácticas como estrategia pedagógica, con el fin de mejorar estos resultados obtenidos y que éstas estén relacionadas con el modelo pedagógico de la institución, constructivista-colaborativo. Por lo tanto, se realizó una comparación entre dos secuencias didácticas a implementar, las cuales están sustentadas bajo los parámetros del modelo pedagógico institucional. Para ello al grado 6-02 se le aplicó una secuencia didáctica elaborada por la docente ceñida bajo los principios del constructivismo y la otra al grado 6-03 tomada del programa gubernamental Colombia Aprende, la cual implementa la metodología indagatoria propia del constructivismo.

En relación con lo anterior, Fernández y Melero (1995) señalan que el aprendizaje surge de la construcción conjunta entre estudiantes, docente y contenidos programáticos dentro del aula de clase. Ejemplo de lo anterior es la secuencia didáctica que tiene como objetivo guiar al estudiante para la construcción de su propio saber y el docente como facilitador del aprendizaje que media entre los alumnos y la construcción del conocimiento, esto concuerda con lo mencionado por estos dos autores. A partir de lo planteado se reconoce la necesidad de investigar sobre este tema que hace parte de las prioridades de aprendizaje de acuerdo a las propuestas curriculares del MEN y las necesidades institucionales que se han empezado a comprender a partir de la presente investigación.

Es así que Bybee y Carlson (2008) mencionan que en muchos países se ha promovido la enseñanza por indagación, con el objetivo de mejorar la enseñanza de las Ciencias Naturales en el aula, para superar uno de los problemas más frecuentes de la escuela tradicional y es la tendencia de dar respuestas a preguntas que los estudiantes jamás se han formulado.

Además, en países como Chile han adoptado procesos de innovación pedagógica para mejorar la calidad en la educación en las Ciencias, por lo tanto crearon el programa de Educación en Ciencias Basada en la Indagación (ECBI), estrategia que pretende que el estudiante reconozca la importancia de este tipo de aprendizaje para construir un conocimiento que le sea útil no solo en la escuela sino en la vida cotidiana (González, 2013).No obstante, los alumnos ECBI y de profesores llegarán a la enseñanza media y se verán enfrentados mayoritariamente a una enseñanza frontal/tradicional de las ciencias, en donde no podrán seguir desarrollando las competencias adquiridas en los programas mencionados. Más aún, en la mayoría de países latinoamericanos éstos programas no tienen continuidad que promueva la enseñanza de las ciencias en enseñanza media a través de actividades de indagación científica

Relacionado éste tipo de programas con el de Colombia de la Universidad de los Andes implementado en el Liceo Francés de Bogotá Louis Pasteur, que tiene como objetivo transformar la práctica de la enseñanza-aprendizaje de las Ciencias Naturales y la tecnología, formando a docentes y formadores de docentes e introduciendo como estrategia de base de aprendizaje la indagación guiada. Sin embargo su cobertura es limitada y dificulta su aplicación en la enseñanza generalizada de las Ciencias Básicas en la Investigación.

Por otra parte, la segunda secuencia didáctica elaborada por la docente también está fundamentada bajo los principios del constructivismo que concibe a la enseñanza como una actividad crítica, y al docente como un profesional autónomo que investiga reflexionando sobre su práctica. Además, entiende el aprendizaje como resultado de un proceso de construcción personal-colectiva de los nuevos conocimientos, actitudes y vida, a partir de los ya existentes y en cooperación con los compañeros y docente (Vera, 2009. La diferencia que existe de esta secuencia didáctica en relación con la presentada por el MEN es la manera como se desarrolla las clases, en donde los tiempos, la materiales y las temáticas están rigurosamente establecidas, mientras que en la del constructivismo los materiales van surgiendo a medida que se desarrolla la temática, dando la cabida a la improvisación dependiendo de las condiciones que se vayan presentando dentro de la clase.

Como se observa, las dos secuencias didácticas se encuentran fundamentadas bajo los principios del constructivismo y éstas centran su interés en el estudiante quien es el que llega a construir su propio conocimiento con la orientación del docente. Esto hace que la investigación sea equitativa en los dos grupos de estudio con respecto a los aportes a sus procesos de aprendizaje. Además a partir de los resultados obtenidos de los estudiantes se analizó si existían diferencias o semejanzas de aprendizaje entre las dos metodologías aplicas.

Por lo anterior, este trabajo tuvo como objetivo favorecer el proceso de enseñanza-aprendizaje de las ciencias naturales mediante metodologías activas. El estudio se desarrolló con 70 estudiantes de dos cursos de grado sexto, logrando identificar algunos aportes al proceso de aprendizaje de las propiedades físicas de la materia. Es importante mencionar que al finalizar la implementación de las secuencias, los resultados en el desempeño no fueron los esperados, aspecto que se analizó a profundidad en la discusión de resultados.

A partir del planteamiento del problema de investigación, se planteó la siguiente pregunta de investigación:

¿Cuáles son los aportes de dos estrategias de enseñanza al proceso de aprendizaje de propiedades físicas de la materia en la clase de Ciencias?

OBJETIVOS

General

Analizar los aportes de dos estrategias pedagógicas a los procesos de enseñanza-aprendizaje de propiedades físicas de la materia en la clase de Ciencias Naturales en grado sexto de Básica Secundaria de una institución de educación pública del municipio de Melgar, Tolima.

Específicos

1. Identificar el nivel de aprendizaje en los estudiantes del grado sexto antes de la implementación de las dos estrategias pedagógicas en la clase de Ciencias Naturales del primer grado de Básica Secundaria.

2. Conocer las similitudes y diferencias encontradas en los procesos de aprendizaje de los estudiantes a partir de la implementación de dos estrategias pedagógicas en la clase de Ciencias Naturales en primer grado de Básica Secundaria.

3. Comparar los resultados en el aprendizaje de los estudiantes de los dos grupos del primer grado de Básica Secundaria en la clase de Ciencias Naturales.

MARCO TEÓRICO

1 .Currículo

Los aportes con respeto al concepto de currículo señalan con claridad que el currículo tiene una naturaleza multidisciplinaria que impide concebirlo de manera fragmentada. (Gimeno, 2010). Además, su verdadera importancia radica en aplicarlo en un contexto real, donde se ponga en práctica su intencionalidad y estructura curricular. Esto supone una reflexión sobre lo que un docente realmente pretende alcanzar a través del currículo que sucede cuando lo enseña en realidad. Entre más específica es la definición de un currículo, mayor será el control que implica la definición". (Posner, 2005, p.6).

Por otro lado, se confirma que la necesidad del trabajo direccionado es vital para responder al currículo operativo, ya que si cada docente maneja sus propios conceptos y estrategias curriculares, sin responder a una noción del currículo como dispositivo de poder, pierde su alcance y secuencia, esto es lo que al final genera un currículo desarticulado y descontextualizado(Carvajal,2004) En este sentido el diseño del currículo para el área de Ciencias Naturales está supeditado a los lineamientos curriculares y a las autoridades del estado les compete velar porque los currículos particulares traten en forma adecuada la tensión entre lo local y lo global; que las comunidades sean competentes y autónomas en sus procesos educativos sin perder de vista su contexto para estar interconectadas e interdependientes (Orientaciones para el área de Ciencias Naturales, 2011).

Con los lineamientos, se busca cubrir las necesidades en la orientación y función del área para lograr aplicar nuevos enfoques que permiten utilizar los currículos transitorios, como hipótesis de trabajo que evolucionan a medida que la práctica señala aspectos que se deben modificar, re significar, suprimir o incluir. Además, desde ese enfoque cambian los procedimientos que el Ministerio de Educación Nacional, emplea para orientar rol del docente, ya no como diseñador sino como orientador y facilitador de los ambientes de participación que le permiten a las comunidades ampliar sus procesos de creatividad y autonomía.

Por tal motivo es importante revisar los fundamentos epistemológicos propuestos por el MEN para el área de Ciencias Naturales y el concepto de Mundo de la Vida de

Husserl es el mundo que todos compartimos: la realidad, mientras el científico, está en su laboratorio, alejado de éste vive más en el mundo de las ideas científicas que en el Mundo de la Vida. (Husserl, 1999).

Al relacionar la pregunta de investigación, con el componente curricular de las Ciencias Naturales, parece pertinente asumir la relación entre la ciencia y la tecnología; ambos comparten características en referencia a la naturaleza del mundo y como se interioriza, los científicos conciben la manera de conocer el mundo sistemática e imaginativamente, mientras los tecnólogos permiten identificar patrones fijos de comportamiento, que vuelven al mundo comprensible y explicable, en cambio "los científicos viven en su búsqueda sin término" para utilizar palabras de (Popper, 1980, citado por García, 2011) viven su "búsqueda sin término".

El concepto de currículo oculto que se adopta en este trabajo investigativo corresponde a la concepción de los seres humanos como seres capaces de interpretarse y reinterpretarse de manera permanente (Martínez y Rodriguez ,2010) del aprendizaje de las ciencias experimentales a través de la observación, la experimentación, la confrontación y la discusión de ideas. A su vez se relaciona con la necesidad de visionar la enseñanza de las Ciencias Naturales desde el ámbito de la indagación, íntimamente ligado a los procesos de investigación (Posner, 2005, p.8)

1.1. El currículo de las Ciencias Naturales

La Ley General de Educación (1994, párrafo 52) establece los objetivos relacionados con las Ciencias Naturales para cada uno de los niveles de la educación formal. A continuación se mencionan los objetivos específicos de la educación básica en el ciclo de secundaria: "1) El avance en el conocimiento científico de los fenómenos físicos, químicos y biológicos, mediante la comprensión de las leyes, el planteamiento de problemas y la observación experimental; 2) El desarrollo de actitudes favorables al conocimiento, valoración y conservación de la naturaleza y el ambiente; 3) La comprensión de la dimensión práctica de los conocimientos teóricos, así como la dimensión teórica del conocimiento práctico y la capacidad para utilizarla en la solución de problemas"

Teniendo presente los objetivos de la educación, el MEN, genera los Lineamientos Curriculares. En estos lineamientos "el sentido del área de Ciencias Naturales y educación ambiental es precisamente el de ofrecerle a los estudiantes colombianos la posibilidad de conocer los procesos físicos, químicos y biológicos, y su relación con los procesos culturales, en especial aquellos que tienen la capacidad de afectar el carácter armónico del ambiente". La apropiación de este conocimiento debe formar en el estudiante una actitud crítica y reflexiva sobre su entorno, que le permita ser consciente de los peligros que un ejercicio irresponsable de este saber puede generar sobre la naturaleza (Muñoz, 2014, p.11).

La Comisión Internacional sobre Educación, Equidad y Competitividad Económica en América Latina y el Caribe, "Quedándonos atrás" en su informe del 2001 hace referencia a los problemas fundamentales que generan brechas en la educación en América Latina. En éste planteó en primer lugar la ausencia de estándares curriculares, al afirmar que: "hasta la fecha, ningún país del hemisferio ha establecido, divulgado o implementado estándares nacionales comprensivos, lo que impide que los países cuenten con una percepción clara de dónde están, a dónde quieren ir y cuán lejos se encuentran de la meta deseada" (MEN, 2004).

Por esta razón, y con base en los resultados de las diversas evaluaciones, el Ministerio de Educación Nacional decidió desarrollar una propuesta de estándares curriculares, inicialmente para las áreas de Matemáticas, Lengua Castellana, y Ciencias Naturales y Educación Ambiental que precisan, para cada área del conocimiento y grado, los desempeños que todos los estudiantes del país deben alcanzar (MEN, 2004)

Los Estándares básicos de Ciencias Naturales tienen un énfasis en competencias, buscando así el desarrollo de las habilidades y actitudes científicas por parte de los estudiantes. Para esto, los estándares recomiendan que se fomente en la educación en ciencias del país la capacidad de: 1) Explorar hechos y fenómenos, 2) Analizar problemas, 3) Observar, recoger y organizar información relevante, 4)Utilizar diferentes métodos de análisis, 5) Evaluar los métodos, 6) Compartir los resultados. Además con estos estándares se busca que en las instituciones educativas se creen espacios adecuados para "que el estudiante construya un aprendizaje frente a la investigación y que se aproxime al conocimiento a través de la indagación. Esto implica que aprenda a recoger datos fidedignos, analizarlos y encontrar relaciones entre ellos, y a aprender a comunicar lo que ha descubierto, y todo esto debe estar estrechamente ligado con los conocimientos ya establecidos en las ciencias naturales tales como la física, la química o la biología. Con esta aproximación como científico, el estudiante podrá llegar a tener compromisos sociales que se relacionan con las ciencias sociales y con las competencias ciudadanas" (MEN, 2004)

Es importante mencionar que una experiencia "significativa" para la enseñanza de las Ciencias Naturales la constituyó el Proyecto de Educación Rural (PER) que se adelantó en su segunda fase desde el año 2009 (MEN, 2015). Este proyecto tiene una estrategia de Desarrollo Profesional Situado que inició en el mes de Julio de 2013, y se basa en la formación y acompañamiento a docentes y directivos docentes rurales y hace parte de la política de calidad del Ministerio de Educación Nacional; su diseño e implementación complementa las acciones del Programa Todos a Aprender en el objetivo común de transformar la calidad de la educación creando condiciones para lograr prácticas de aula efectivas, que propicien el proceso de aprendizaje de los estudiantes. La estrategia tiene como objetivos principales:

- Mejorar las prácticas de aula de los docentes rurales centrándolas en el aprendizaje de los estudiantes, en un marco de desarrollo de comprensión pedagógica para la enseñanza de competencias disciplinares específicas en matemáticas, ciencias, y en competencias ciudadanas.
- Mejorar la utilización del tiempo de enseñanza-aprendizaje, a partir del trabajo de comunidades de aprendizaje.
- Promover en las sedes educativas rurales un ambiente propicio para el desarrollo de una gestión académica que propenda por el mejoramiento continuo de las prácticas de aula.

Este proyecto desarrolló una serie de secuencias didácticas modelo en el área de Ciencias Naturales, para Básica Primaria, Básica Secundaria y Educación Media. Dichas secuencias están diseñadas con base en la enseñanza por indagación (MEN 2013). La evaluación de impacto del programa determinó que en el área de Ciencias Naturales se presentó el mayor porcentaje de docentes que recibieron las secuencias didácticas, 82%, y el mayor porcentaje de docentes que las utilizó 61%.

1.2 El currículo operativo de las Ciencias naturales

El currículo es fundamental a la hora de desarrollar las prácticas pedagógicas, porque es mediante el currículo que se plasma en la vida real, lo soñado en el horizonte institucional previsto por el P E I, se puede decir, entonces, que el currículo es la ruta a seguir, es el camino, lo cual corresponde a la definición dada por (Panqueva, 2003), quien dice: "Currículo es la palabra latina que significa carrera, caminata, jornada, conteniendo en su mismo concepto, la idea de continuidad y secuencia. En términos operativos, el currículo significa: "lo que se debe hacer para lograr algo, el recorrido que se hace para llegar a una meta prevista".

El currículo operativo consiste en lo que el profesor realmente enseña y cómo comunica su importancia al estudiante, es decir, cómo saben los estudiantes que es importante. El currículo operativo tiene dos aspectos; 1) el contenido que se enseña, 2) los resultados del aprendizaje o los estándares que son responsabilidad de los estudiantes, es decir, lo importante. Lo primero es indicado por el tiempo que asignan los profesores a los temas y los tipos de aprendizajes esperados, por ejemplo, el currículo enseñado; lo segundo es señalado por las pruebas aplicadas a los estudiantes, por ejemplo currículo evaluado. Los currículos enseñados y evaluado son aspectos del currículo operativo, independientemente de su semejanza con el currículo oficial. De hecho, es común que haya poco parecido entre los currículos oficial, enseñado y el evaluado de una escuela (Posner, 2005).

Teniendo como referente el concepto de currículo operativo, se formular los siguientes interrogantes: ¿De qué hablamos cuando nos referimos a Ciencias Naturales? ¿Cuáles son los objetivos de enseñanza en Ciencias Naturales? Nos planteamos estas preguntas porque, aunque no siempre sea explicita o seamos conscientes de ella, toda propuesta pedagógica lleva consigo una visión sobre su objeto de enseñanza que determina mucho de lo que sucede en una clase. La concepción de ciencia impacta desde lo que el docente elige hacer, preguntar, explicar o incluso callar, hasta el tipo de actividades que se proponen a los alumnos o el clima que se genera en el aula (Furman, 2009, p.1).

Para dar respuesta a las preguntas planteadas, y tal como lo plantea el ICFES (2007), la educación en ciencias tiene como objetivo la formación de niños, niñas y jóvenes capaces de reconocer y diferenciar explicaciones científicas y no científicas acerca de los fenómenos del mundo y de los acontecimientos que en él suceden.

Por lo tanto, el aprendizaje y la enseñanza de las Ciencias Naturales debe ser un proceso de construcción mutua entre el docente y los estudiantes. Este debe ser un intento por construir una forma de enseñar la ciencia como un elemento esencial para el desarrollo de los ciudadanos del mundo de hoy y de mañana. (Pozo y Gómez, 2006, citado por Narváez, 2014, p. 13).

Ahora bien, el desarrollo de las ciencias y la tecnología ha generado un mundo complejo y cambiante. Por lo anterior es fundamental que las personas cuenten con los conocimientos y herramientas que proveen las ciencias para comprender su entorno y aportar a su transformación, siempre desde una postura crítica y ética frente a los hallazgos. De ahí que la escogencia del método de enseñanza es clave para lograr los objetivos de aprendizaje antes descritos (Narváez, 2014, p. 13).

En este sentido hay que tener en cuenta que es necesario preguntarse como docente, cómo lograr que los estudiantes se acerquen con interés a las ciencias, cómo promover la exploración (tan característico de los niños en sus primero años de vida) y más importante aún, cómo lograr en ellos el desarrollo de un pensamiento científico (Muñoz, 2014, p.11).

2. Estrategias de enseñanza-aprendizaje de las Ciencias Naturales

Para llevar a cabo procesos de enseñanza - aprendizaje, es necesario contar con estrategias que proporcionen las herramientas óptimas para el cumplimiento de los objetivos planteados curricularmente. Para el caso de la presente investigación, a continuación presenta la indagación como el método más apropiado para la enseñanza de las Ciencias Naturales.

2.1 Enseñanza por Indagación

Cuando se pretende desarrollar el pensamiento científico al interior de las aulas en el área de Ciencias Naturales, se hace necesario encontrar estrategias de enseñanza aprendizaje que favorezcan dicho proceso, y que estén basadas en la comunicación bilateral. Las estrategias de aprendizaje tienen como objetivo, ayudar al alumno a aprender de forma significativa y autónoma los diferentes contenidos curriculares (Narvaez, 2014, p. 15).

Entonces, "la enseñanza por indagación es un estrategia coherente con la imagen de lo que significa enseñar Ciencias Naturales, como un proceso, una forma de hacer preguntas del mundo natural para generar conocimiento. Esto implica que el aprendizaje de conceptos científicos se integre con el aprendizaje de competencia científica, tales como la capacidad de formular preguntas investigables, observar, describir, discutir sus ideas, buscar información relevante, hacer hipótesis o analizar datos. El docente, es el guía para que los estudiantes puedan investigar, sentir curiosidad por los fenómenos que ocurren a su alrededor, y construyan formas de dar respuesta e interpretaciones, a través de la ciencia" (Narvaez, 2014, p. 16).

Así lo propone el Ministerio de Educación Colombiano (2010, párrafo 3), al afirmar que "La indagación es una metodología multifacética que involucra realizar observaciones, proponer preguntas, examinar libros y otras fuentes de información, para ver qué se conoce, planear investigaciones, ver lo que se sabía en función de nueva evidencia experimental, usar herramientas para recolectar, analizar e interpretar datos, proponer respuestas, explicaciones y predicciones, y comunicar los resultados". La indagación requiere la identificación de suposiciones, el uso del pensamiento crítico y lógico, y la consideración de aplicaciones alternativas (Furman, 2008). Por lo tanto, para alcanzar un aprendizaje significativo de las ciencias naturales, se hace necesario aprovechar la indagación como estrategia que favorece el desarrollo del pensamiento crítico en los estudiantes, ya que implica un ejercicio intelectual donde el estudiante debe plantearse preguntas, discutir y argumentar sus ideas, formular hipótesis, proponer diseños experimentales, hallar posibles respuestas a preguntas problema y comunicar los resultados. (Yaber, 2011).

El proceso de indagación en ciencias puede implicar, entre otras cosas, observar detenidamente la situación, plantear preguntas, buscar relaciones de causa–efecto, recurrir a los libros u otras fuentes de información, hacer predicciones, identificar variables, realizar mediciones y organizar y analizar resultados. La capacidad de buscar, recoger, seleccionar, organizar e interpretar información relevante para responder una pregunta es central en el trabajo de las ciencias. En el aula de clase no se trata de que el alumno repita un protocolo recogido de una metodología o elaborado por el maestro, sino que el estudiante plantee sus propias preguntas y diseñe bajo la orientación del maestro su propio procedimiento. Sólo de esta forma podrá "aprender a aprender" (ICFES, 2007).

En sintonía con la enseñanza de competencias, este método requiere que las actividades que compongan las Secuencias Didácticas ofrezcan a los alumnos oportunidades de aprendizaje activo. En este sentido que les briden desafíos intelectuales y los guíen en el aprendizaje no solo de conceptos o habilidades sino de modos de poner en juego dichos saberes en contextos diversos, al servicio de resolver problemas o cumplir objetivos determinados (Furman, Poenitz et al., 2012). Para mayor claridad, a continuación se explican las secuencias didácticas de las Ciencias Naturales como parte de los recursos que hacen parte de estrategias de enseñanza, en este caso, de indagación.

2.2 Secuencias Didácticas e Indagación en las Ciencias Naturales

La secuencia didáctica en Ciencias naturales escogida para esta investigación fue elaborada a partir de la metodología de enseñanza por indagación, un abordaje que se inscribe dentro de la línea constructivista del aprendizaje activo y que bajo la guía del docente posiciona a los estudiantes como activos generadores de conocimiento escolar (Furman, 2012).

Esta forma organizada de presentar la clase, hace posible que el docente ofrezca a los estudiantes oportunidades continuas para que se involucren activamente en su proceso de aprendizaje, para que exploren los fenómenos naturales, formulen preguntas, hagan predicciones, diseñen experiencias para poner a pruebas sus explicaciones, registren datos y los analicen, busquen información, la contrasten y comuniquen sus ideas. Para materializar estas acciones de pensamiento y producción, relacionadas con el proceso de construcción de pensamiento científico, la secuencia parte entonces de una pregunta central, cuya formulación pueda generar interés de los estudiantes, movilizar sus conocimientos previos, centrar la atención en la temática que se quiere abordar y por supuesto, promover la indagación (Bybee et al, 2005, citado por Furman 2012).

La planeación por secuencias didácticas resalta la importancia de contar con recursos didácticos adecuados para realizar actividades que promuevan en los estudiantes la formación del pensamiento crítico y autónomo, mediante la construcción de trayectos que abordan un determinado tema de forma progresiva, evitando la enseñanza de temas fragmentados y sin una articulación clara. Estas secuencias deben ser organizadas a partir de los referentes de calidad nacional tales como: Estándares Básicos en Competencias y Lineamientos Curriculares de la disciplina específica, en el caso de Ciencias Naturales y Educación Ambiental. Se debe hacer el rastreo de los saberes clave dentro de una determinada temática de los cuales el estudiante debe apropiarse para evitar la tendencia a cubrir una serie abundante de contenidos desarticulados sin buscar que los estudiantes realmente comprendan (Londoño, 2014).

Respecto a su diseño, Furman (2012, p. 51) expone: "Es fundamental que la secuencia esté diseñada como un guión, es decir, como un trayecto de ideas que se van desarrollando paulatinamente, como un relato que lleva a los alumnos, desde un punto inicial, pasando por etapas que los van ayudando a construir conocimientos y habilidades nuevas, de manera progresiva y coherente.

Por lo anterior, las secuencias didácticas quedan configuradas por el orden en que se presentan las actividades a través de las cuales se llevan a cabo los procesos de enseñanza-aprendizaje. El énfasis está en la sucesión de éstas, y no en las actividades en sí, criterio que se justifica por la re-significación que adquiere su encadenamiento. La secuencia didáctica implica una sucesión premeditada (planificada) de actividades (es decir un orden), las que serán desarrolladas en un determinado período de tiempo (con un ritmo). El orden y el ritmo constituyen los parámetros; además, algunas actividades pueden ser propuestas por fuera de la misma (Rodríguez, 2007).

Para el caso de las secuencias en Ciencias Naturales, se plantea la importancia de - en primera instancia- involucrar a los estudiantes en el estudio de fenómenos, posteriormente, llevarlos a que desarrollen ideas que más adelante son puestas a prueba, mostrándoles cómo lo aprendido puede ser usado en nuevas situaciones. Esto se logra cuando el docente encuentra la forma de aprovechar los recursos del medio como insumos para que los estudiantes tengan la posibilidad de hacer ciencia en el aula de clase, aprendiendo conceptos disciplinares y habilidades científicas (Furman, 2012).

Para terminar es importante mencionar que a secuencia se convierte en un elemento para la evaluación del aprendizaje, ya que todas las actividades propuestas, ofrecen elementos que permiten identificar cómo ha sido el desempeño de los estudiantes, qué saben hacer y en qué necesitan apoyo; es por esto que se recomienda que para la evaluación se tengan en cuenta, además del dominio conceptual y las producciones de los estudiantes, las actitudes, habilidades y evidencias manifiestas durante el proceso, por ejemplo las representaciones gráficas, el registro de datos, la participación y el trabajo en equipo entre otras (Camacho, 2008).

2.3 Constructivismo y la Enseñanza de las Ciencias Naturales

Tomando como referencia el Proyecto Educativo de la Institución contexto de la investigación, se concibe la educación desde el modelo pedagógico interactivo, fundamentado en el constructivismo-colaborativo. Para el caso del presente trabajo, la clase de Ciencias Naturales a cargo de una de las integrantes del grupo, toma en cuenta este modelo para el desarrollo de su práctica de aula. Por esta razón, es importante retomar teóricamente el constructivismo.

La teoría constructivista afirma que en todos los puntos de nuestras vidas construimos un significado sobre el mundo que nos rodea, mediante la combinación de los conocimientos previos con nuevas experiencias.

En primer lugar, establecemos lo que ya sabemos, o lo que pensamos que ya sabemos sobre un determinado lugar, una idea o concepto. Esto lo hacemos de manera formal o informal, consciente o inconscientemente. Luego, tenemos una experiencia de un tipo u otro. La experiencia puede ser totalmente nueva y extraña, o una repetición de algo que hemos hecho durante años.

A partir de lo anterior, se combinan los conocimientos previos (lo que creíamos saber) con la nueva experiencia para crear un nuevo significado. Después de construir un nuevo significado, se compara lo que pensábamos que sabíamos (de nuevo, consciente o inconscientemente) con lo que hemos aprendido con el fin de ayudar a consolidar o mejorar el sentido que construyen. Este proceso es el que se llevará a cabo a través de la implementación de una secuencia didáctica con el tema de las propiedades físicas de la materia.

Para Iafrancesco (1997, p. 41) "el constructivismo propone un paradigma en donde los procesos de enseñanza-aprendizaje se perciban por el estudiante como un asunto dinámico, participativo e interactivo; de modo que el conocimiento sea una auténtica construcción operada por la persona que aprende (o «sujeto cognoscente»)". En este sentido, el constructivismo considera al estudiante como poseedor de unos conocimientos, a partir de los cuales se deben construir los nuevos saberes. Es decir, a partir de los conocimientos previos de los educandos, el docente guía para que los estudiantes logren construir conocimientos nuevos y significativos; puesto que los estudiantes son los actores principales de su propio aprendizaje.

Zubiría (2011), comparte con Iafrancesco este mismo punto de vista al mencionar como punto de partida para el aprendizaje, las ideas previas del educando y reconociendo las resistencias que bloquean un aprendizaje significativo, se brinda un papel activo e interactivo al educando; siendo participe y constructor de su propio proceso de aprendizaje, superando paradigmas de la educación como lo es la acumulación memorística y reforzada de la escuela tradicional. Del mismo modo Ordoñez (2004), menciona que a partir de los modelos constructivistas, las creencias, intenciones, emociones e influencias de la experiencia previa (a la enseñanza) poseen una acción directa en la formación e interpretación de fenómenos. Dichos modelos consideran que los seres humanos son agentes transformadores y activos del conocimiento, en los cuales la construcción de esquemas conceptuales está regulada por el contexto y los contenidos concretos.

Piaget (1970) localiza el conocimiento en la relación entre la experiencia que se tiene con la realidad del medio circundante y las estructuras de pensamiento que se van desarrollando a partir de ella, para adaptarse al mundo. Sentó las bases para entender el desarrollo cognoscitivo como un proceso del cual depende el aprendizaje, en oposición a la visión tradicional de aprendizaje como efecto inmediato de la transmisión proveniente de otros. Por el contrario, para Vygotsky (1978) el niño hace parte del ambiente y la experiencia que rodean a este, le permite adquirir un aprendizaje humano, desde una visión de naturaleza sociocultural. Indicó, al contrario de Piaget, que el aprendizaje es condición para el desarrollo cognoscitivo y que requiere la asistencia de otros que ya han construido desarrollos más avanzados. Definió el aprendizaje como fenómeno que ocurre en una "zona de desarrollo próximo", en la cual el aprendiz puede resolver, con la ayuda de socios de aprendizaje más avanzados, problemas más complejos de los que resolvería solo.

Esta propuesta investigativa comparte al igual que Sánchez (2003), que a partir de estas teorías básicas, las visiones constructivistas actuales han relacionado el aprendizaje con la comprensión como capacidad de acción con lo que se aprende. Además es más claro hoy en día que quien aprende utiliza todo tipo de experiencias para ir comprendiendo lo que aprende paulatinamente y que el proceso no es lineal, sino que en éste se avanza y se retrocede permanentemente. Por lo tanto, el diseño y aplicación de metodologías constructivistas favorece en los estudiantes el desarrollo de habilidades como: observar, descubrir, identificar, comparar, plantear preguntas, obtener información, investigar, registrar, interpretar, sistematizar y comunicar información, manejar y comprender términos nuevos, generar y confrontar ideas y explicaciones sencillas, así como integrar distintos conocimientos, tomar decisiones y resolver problemas sin mucha dificultad.

DISEÑO DE LA INVESTIGACIÓN

La investigación "currículo de Ciencias Naturales: implementación de estrategias de enseñanza-aprendizaje de las propiedades físicas de la materia en el grado sexto de básica secundaria", se encuentra planteada bajo los parámetros del método mixto debido a que como lo menciona Newman, et al, (2002) citado por Hernández (2014) a través de éste método se logra una perspectiva más amplia y profunda del fenómeno, permitiendo una percepción integral, completa y holística. Dentro de los diseños del método mixto el que responde a las necesidades de la investigación es el diseño explicativo debido a que los datos cualitativos ayudan a explicar los resultados cuantitativos iniciales y finales A su vez, ésta pretende confirmar o corroborar resultados y efectuar validación cruzada entre los datos cuantitativos y cualitativos. Dentro del método cualitativo se empleó específicamente el diseño etnográfico, dado que se deseaba describir las interacciones entre los estudiantes y el docente con el fin de saber las razones por las cuáles se presentaron los desempeños académicos bajos de los alumnos en el área de Ciencias Naturales. Para aplicar el modelo constructivista-colaborativo determinado por la Institución se implementaron dos secuencias didácticas de enseñanza, distribuidas de la siguiente manera:

A los estudiantes del grado 6-02 se les aplicó la secuencia didáctica elaborada por la docente Diana Sierra del área de Ciencias Naturales, la cual fue diseña da bajo los principios del modelo pedagógico de la Institución. Por otro lado, el grado 6-03 desarrolló la secuencia didáctica del programa gubernamental Colombia Aprende, previamente elaborada con la metodología de la indagación propia del modelo constructivista. Cabe resaltar que las dos secuencias didácticas, el enfoque de indagación del programa Colombia Aprende y constructivismo-colaborativo centraron su interés en el estudiante y es él quien llega a construir su conocimiento con la orientación del docente. Esto hizo que la intervención fuera equitativa en los dos grupos de estudio con respecto a los aportes a sus procesos de aprendizaje.

Para obtener datos de la implementación dos integrantes del grupo realizaron dos

Observaciones, una a cada grado, las cuales quedaron registradas en la matriz de observación. Además para darle mayor relevancia a este análisis cualitativo se tuvo en cuenta el diario de campo de la docente Diana Sierra para situaciones relevantes relacionadas con la pregunta de investigación. De esta manera, dentro de este método surgieron dos categorías, las cuales fueron: estrategias pedagógicas activas y aprendizaje de las propiedades físicas de la materia.

Por otro lado, la investigación fue de tipo transeccional porque la recolección de los datos se realizó en un solo momento ya que lo que se deseaba analizar en el componente cuantitativo era la variable y su incidencia e interrelación en un momento dado, es así y teniendo en cuenta el alcance que quisimos lograr con esta investigación se realizó un estudio explicativo, debido a que como lo menciona Hernández, (2014, p. 92) "por medio de este tipo de estudio se busca comprender propiedades y características importantes del fenómeno a analizarse". Para este análisis se aplicó a ambos grados un pre-test, el objetivo de éste fue diagnosticar en qué nivel y cuáles son los preconceptos que tenían los estudiantes sobre el tema a tratar, propiedades físicas de la materia. Luego se aplicó el post-test que tuvo como finalidad conocer si hay o no aprehensión del conocimiento sobre el tema planteado. Estos resultados dieron soporte para el análisis cualitativo.

Además, los instrumentos que se utilizaron para la recolección de los datos fueron: para el componente cualitativo la matriz de observación y diario de campo, y para el componente cuantitativo el pre-test y el post-test

COMPONENTE CUÁNTITATIVO
CUAN

COMPONENTE CUÁLITATIVO
CUAL

PLANTEAMIENTO DEL PROBLEMA
Bajo desempeño académico en el área de Ciencias Naturales en los grados 6-02 y 6-03.

PREGUNTA DE INVESTIGACIÓN
¿Cuáles son los aportes de dos estrategias pedagógicas al proceso de aprendizaje de las propiedades físicas de la materia en la clase de Ciencias Naturales?

VARIABLES
Variable independiente: Estrategias pedagógicas activas.
Variable dependiente: Aprendizaje de las propiedades físicas de la materia

DISEÑO DESCRIPTIVO

MUESTRA: 70 estudiantes de los grados 6-01 y 6-02

RECOLECCIÓN
Los instrumentos que se emplearon fueron:
Pre-test y Post-test

ANÁLISIS
Se realizó la triangulación de los datos obtenidos de los instrumentos.

CATEGORÍAS DE ANÁLISIS
Categoría 1: Estrategias pedagógicas activas.
Categoría 2: Aprendizaje de las propiedades físicas de la materia.

DISEÑO ETNOGRÁFICO

MUESTRA: 70 estudiantes de los grados 6-01 y 6-02

RECOLECCIÓN
Los instrumentos que se emplearon fueron:
Matriz de observación.
Diario de campo.

ANÁLISIS
Se realizó la triangulación de los datos obtenidos de los instrumentos.

RESULTADOS → Diseño Explicativo / Triangulación → RESULTADOS

RESULTADOS

En este apartado se presentan los resultados obtenidos en la investigación, teniendo en cuenta que se planteó utilizando un método mixto. En primera instancia se mencionan los resultados del componente cuantitativo (pre y post – test) y en segunda instancia se muestran los resultados del componente cualitativo (observación estructurada y diario de campo). Posterior a esto se hace un análisis de la información recogida, triangulando los datos cualitativos y cuantitativos.

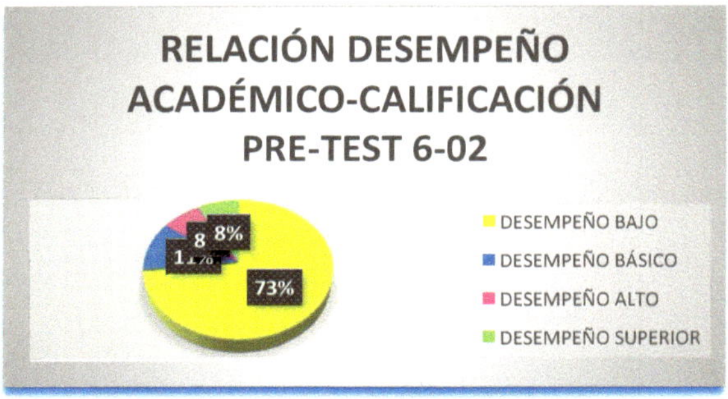

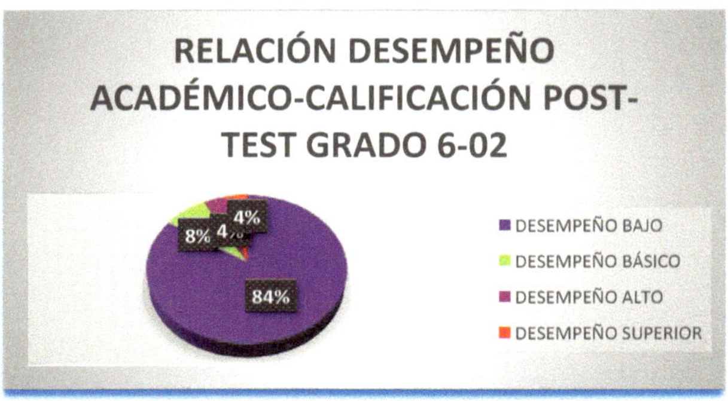

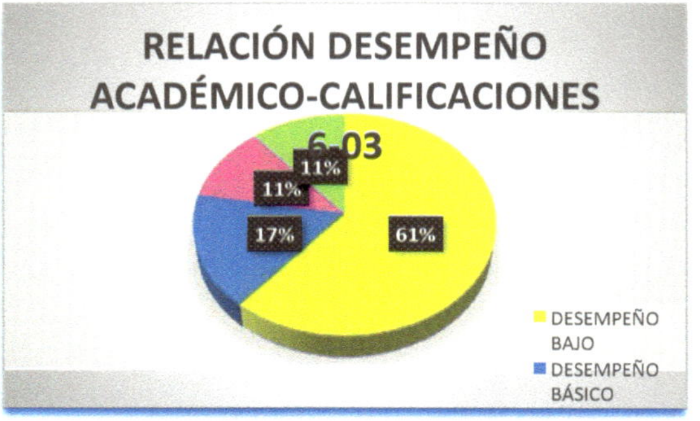
RELACIÓN DESEMPEÑO ACADÉMICO-CALIFICACIONES 6-03
11%
11%
17%
61%
DESEMPEÑO BAJO
DESEMPEÑO BÁSICO

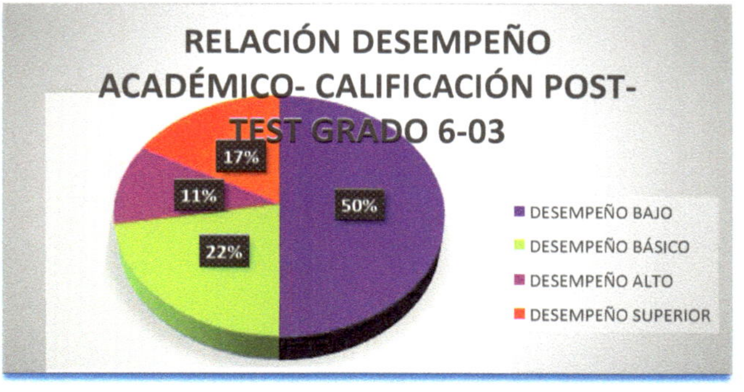
RELACIÓN DESEMPEÑO ACADÉMICO- CALIFICACIÓN POST-TEST GRADO 6-03
17%
11%
50%
22%
DESEMPEÑO BAJO
DESEMPEÑO BÁSICO
DESEMPEÑO ALTO
DESEMPEÑO SUPERIOR

CATEGORIZACIÓN, CODIFICACIÓN E INTERPRETACIÓN DE LA OBSERVACIÓN ESTRUCTURADA

OBSERVACIÓN ESTUDIANTES GRADO 6-03			
CATEGORÍAS	SUBCATEGORÍAS	EVIDENCIAS	INTERPRETACIÓN
Estrategias pedagógicas activas	• Respeto dentro de aula	Saluda a los estudiantes al inicio de la clase.	El ambiente de respeto que hubo en la clase observada se demuestra cuando la docente saluda y habla, el grupo en general está atento a las instrucciones y explicaciones que ella determina.
		Es respetuosa con los estudiantes	Utiliza un lenguaje neutral y no tutea a ningún estudiante. Se dirige a algunos estudiantes por su apellido.
		Detiene las burlas que hacen los estudiantes a sus compañeros	En una ocasión un estudiante llamado Cristian hace una broma sobre la masa de su compañero y ella luego pregunta al niño sobre su masa como parte de la explicación y así distrae la intención de burla de estudiante inicial.
	• Normas de convivencia	Se cumplen las normas de convivencia algunas veces y en el momento en que habla un estudiante	Ningún estudiante levanta la mano cuando quiere tomar la palabra, el estudiante Cristian habla sobre el tema de las rutas en voz alta y

		son pocos los que prestan atención.	dirigiéndose al grupo.
	• Comunicación	Siempre que habla mantiene contacto visual con los estudiantes	La docente habla al grupo recomendándoles que hagan silencio porque tiene algunas dificultades de salud con su voz. Cuando se aproxima a un grupo específico se inclina y genera proximidad en el momento de las explicaciones, escucha atentamente a los estudiantes mirándolos a los ojos.
	• Promueve el aprendizaje activo y el pensamiento crítico	No hace comentarios positivos sobre el buen desempeño o la participación. Al inicio de la clase antes de llevar a los estudiantes al laboratorio explica los objetivos de la sesión.	El estudiante Marín responde correctamente al concepto de masa y ella no hace ninguna reafirmación positiva. Pregunta a los estudiantes sobre lo que ellos piensa sobre masa y volumen, toma nota en el tablero y luego comienza a devolver la información mediante preguntas para llegar al concepto entre todos.
Aprendizaje de las propiedades físicas de la materia	• Entorno que promueve el aprendizaje	.El laboratorio se dispuso de manera apropiada grupos de cuatro -Hubo 7 preguntas de los estudiantes	Promueve el aprendizaje colaborativo. El ambiente de aprendiza permite que

		relacionados con el tema de la clase en el grupo, pero al interior de cada subgrupo la docente resolvió más de 20 dudas.	todos pregunten espontáneamente
		Se evidencia funcionalidad en los roles asignados en los grupos.	Asigna los roles de vocero y utilero y los llama para que reciban el material del trabajo que se realizará.
		Las instrucciones son claras y facilitan el aprendizaje	Antes de llevar a los estudiantes al laboratorio, verifica el listado de los que no tienen el consentimiento para asistir a la clase y los envía a la biblioteca para que desarrollen la guía.
		Los estudiantes portan su bata de laboratorio al igual que la docente.	Los estudiantes llevan un proceso secuencial que les brinda la oportunidad de asumir responsabilidades y compromisos.

	• Evaluación de los procesos.	-La docente hizo 17 preguntas a los estudiantes, todas ellas relacionadas con el tema de la clase .Masa, peso volumen, densidad. Para aclarar un concepto sobre densidad utilizó un globo y lo comparo con una canica, luego lo puso en la gramera y un estudiante registro su peso, luego el estudiante Cristian dio el concepto claro.	Promueve el pensamiento científico. Utiliza estrategias de indagación.

CATEGORIZACIÓN, CODIFICACIÓN E INTERPRETACIÓN DE LA OBSERVACIÓN ESTRUCTURADA

OBSERVACIÓN ESTUDIANTES GRADO 6-02			
CATEGORÍAS	SUBCATEGORÍAS	EVIDENCIAS	INTERPRETACIÓN
Estrategias pedagógicas activas	• Respeto dentro de aula	-La docente rechaza o detiene burlas entre estudiantes. -Saluda a los estudiantes al inicio de la clase. -Es respetuosa con los estudiantes -Trata a todos los estudiantes por igual	En general durante el desarrollo de la clase se pudo observar un ambiente de respeto y cordialidad, en parte por la habilidad de la docente para generar un clima de seguridad y respeto.
	• Normas de convivencia	-Se cumplen las normas de convivencia la mayor parte del tiempo, aunque en el momento en que habla un estudiante son pocos los que prestan atención.	Los estudiantes no han adquirido la costumbre de hacer silencio cuando un compañero interviene y solo lo hacen cuando la docente lo solicita.
	• Comunicación	-Siempre que habla la docente mantiene contacto visual con los estudiantes y el volumen de la vos es adecuado.	La docente tiene la destreza para concentrar la atención de la mayoría de los estudiantes.
	• Promueve el aprendizaje activo y el pensamiento crítico	-Hace retroalimentación en el momento justo, asegurándose de que los estudiantes entiendan.	Aunque la docente se preocupa por que todos entiendan, no realiza refuerzo positivo a los estudiantes que hacen alguna intervención.

		-No hace comentarios positivos sobre el buen desempeño o la participación de los estudiantes.	Esto puede generar en algunos desmotivación e inseguridad.
Aprendizaje de las propiedades físicas de la materia	• Entorno que promueve el aprendizaje	-La docente siempre hace referencia al trabajo de clases anteriores. -Hubo 18 preguntas de los estudiantes relacionadas con el tema de la clase. -Las instrucciones de la docente son claras y facilitan el aprendizaje colaborativo. -Se evidencia en los grupos de estudiantes funcionalidad de los roles asignados.	La organización en pequeños grupos facilita el aprendizaje colaborativo y ayuda a la docente para guiarlos eficientemente.
	• Evaluación continua	-La docente hizo 28 preguntas a los estudiantes, todas ellas relacionadas con el tema de la clase.	Promueve durante la clase actitudes favorables hacia el conocimiento del tema propuesto, dando apertura al desarrollo de pensamiento científico.

DISCUSIÓN DE RESULTADOS

El cambio de paradigma en la manera de enseñar por parte de la docente, así como la metodología constructivista en que los estudiantes abordaron el tema propuesto, pueden ser la causa para que en la evaluación final (post-test) se aumentara en 11 puntos el porcentaje de estudiantes en 6-02 con desempeño bajo y que no disminuyera significativamente el porcentaje de estudiantes que salieron del desempeño bajo en el grado 6-03 (11 puntos porcentuales). De igual manera, el tipo de evaluación propuesto (tipo I) puede ser causal de los malos resultados, ya que como se registró en el diario de campo de la docente; algunos estudiantes de ambos grupos hicieron mención al grado de dificultad de las preguntas, cuando éstas se presentan con el lenguaje propio de la disciplina y del tema abordado.

Otra causa de los bajos desempeños obtenidos en el grado 6-02, puede deberse al ambiente dentro del aula de clase, ya que durante la observación se evidenciaron actitudes como: Agresión verbal entre estudiantes, con la utilización de sobrenombres y palabras soeces; agresión física entre niños con golpes en la cabeza; gritos constantes que interrumpen el normal desarrollo de la clase; intervención desordenada de los estudiantes, debido a que no han adquirido el hábito de hacer silencio cuando un compañero interviene y solo lo hacen cuando la docente lo solicita.

En el caso del curso 6-03 los resultados arrojaron una mejoría en el desempeño del grupo, pasando de 61 a 50 el porcentaje de estudiantes con desempeño bajo. Esto puede deberse en parte al ambiente de la clase, ya que como se registró en el diario de campo de la docente, el grupo está más dispuesto para el aprendizaje colaborativo, se respetan mutuamente y tienen la costumbre de escuchar al otro.

Durante las observaciones hechas, se evidenciaron actitudes favorables hacia el conocimiento del tema propuesto, dando apertura al desarrollo de pensamiento científico. Esto se refleja en la cantidad de preguntas (18 veces en 6-02), y (23 veces en 6-03) que hacían los estudiantes sobre el tema propuesto, así como en los niveles de participación e interés que mostraron durante la clase. Además, la docente estimuló la intervención de los estudiantes con preguntas (28 veces en 6-02) y (17 veces en 6-03) que aterrizaban los conceptos a situaciones de la vida real, alentando la curiosidad.

CONCLUSIONES

Con la aplicación del pre-test se identificó el nivel de aprendizaje de las propiedades físicas de la materia, encontrándose que antes de la intervención el 73% de los estudiantes del grado 6-02 y el 61% de los estudiantes del grado 6-03 se ubicaban en desempeño bajo, con respecto al tema en mención. Al finalizar la intervención, se aplicó un post-test que determinó un pequeño grado de mejora en el desempeño del grado 6-03, pasando de 61 a 50 el porcentaje de estudiantes con desempeño bajo. Para el caso del grado 6-02 hubo una desmejora después de la intervención, ya que se pasó de 73 a 84 el porcentaje de estudiantes con desempeño bajo. Si solamente se tuvieran en cuenta los datos cuantitativos arrojados en el post-test, se podría concluir que las dos metodologías aplicadas no hacer un aporte significativo al aprendizaje de los estudiantes.

Aunque los resultados arrojados en el post-test (componente cuantitativo) no evidencian un aporte revelador en el aprendizaje de los estudiantes, la información recogida en el componente cualitativo demuestra aportes significativos en la metodología de enseñanza de la docente, ya que las dos secuencias reflejan una intención clara y una organización coherente con las metodologías propuestas, el objetivo y tema abordado. En el caso del aprendizaje se pudieron observar cambios significativos en la manera como los estudiantes abordaron el tema de las propiedades físicas de la materia, haciéndose evidente una mejoría en la capacidad de razonamiento y en la habilidad para pasar de nociones básicas a complejas; resolver problema en situaciones reales y practicar la construcción de su propio aprendizaje.

En conclusión, cuando se utiliza un método mixto de investigación es posible obtener datos relevantes que no son posibles de obtener con la utilización de instrumentos cuantitativos, además se enriquecen los argumentos para dar respuesta a la pregunta de investigación, tal y como como ocurrió con este estudio.

REFERENCIAS

Ausubel, D.P. (1973) *La educación y la estructura del conocimiento.* El Ateneo. Buenos Aires.

Bybee, R. W., J. Carlson, P, et al. (2008). *Teaching secondary school science: Strategies for developing scientific literacy*, Pearson/Merrill/Prentice Hall

Bruner, J. (1969) *Hacia una teoría de la instrucción*. UTHEA. México.

Camacho, H., D. Casilla, et al. (2008). "La Indagación: Una Estrategia Innovadora Para el Aprendizaje de Procesos de Investigación." Revista de Educación Vol 14

Castro R, M. (2008). *Dificultades en la construcción del conocimiento en las Ciencias Naturales*. p. 1-361.

Castro Sánchez, A., & Ramírez Gómez, R. (2013). *Enseñanza de las Ciencias Naturales para el Desarrollo de la Competencia Científica.* Amazonía Investiga, p. 1-24.

Carvajal, D. (2004) *Hacerse mujeres, hacerse hombres dispositivos pedagógicos de género.cap VI* Siglo del hombre Bogotá D.C.

Creswell, J. 1994.Diseño de investigación cap 9 p.143- 171.Sage. Buenos Aires.

Furman, M. (2008). *Ciencias naturales en la escuela primaria: colocando las piedras fundamentales del pensamiento científico.* IV foro Latinoamericano de Educación. Fundación Santillana.

Furman, M y M. de Podestá (2009). Las ciencias naturales como producto y como proceso, *La aventura de enseñar Ciencias Naturales*, AIQUE

Furman, M. (2012). *"¿Qué ciencia estamos enseñando en escuelas de contextos de pobreza?"* PRAXIS & SABER Vol 3.

Furman, M. (2012). Programa Educación Rural PER. Orientaciones técnicas para la producción de secuencias didácticas para un desarrollo profesional situado en las áreas de matemáticas y ciencias. En M. Furman, Programa Educación Rural PER. Orientaciones técnicas para la producción de secuencias didácticas para un desarrollo profesional situado en las áreas de matemáticas y ciencias. Bogotá: Ministerio de Educación Nacional.

García Barú. (2011) *La idea de la fenomenología cinco lecciones*. Madrid. Fondo cultural económico

Goodson, F Ivor. *El cambio en el currículum.* Octaedro Barcelona 2000.

Gonzalez Allende, K. (2013). Percepción sobre la metodología indagatoria y sus estrategias de implementación en la enseñanza de las ciencias naturales en el Liceo Experimental Manuel de Salas

Gimeno, S. (2010). *Saberes e incertidumbres sobre el curriculo.* Madrid. Morata.

Husserl, E. (1999). *La idea de la Fenomenología,cinco lecciones* . Madrid. Fondo de cultura ecomómica.

Hernández, Ana María, *hacerse hombres, hacerse mujeres dispositivos pedagógicos de género*. Siglo del hombre. Bogotá 2004.

Iafrancesco V., Giovanni M. (1997) Aportes a la Didáctica constructivista de las ciencias Naturales. Editorial Libros y Libres S.A. Bogotá.

Instituto Colombiano Para el Fomento de la Educación Superior (2007). *Fundamentación Conceptual Área de Ciencias Naturales*. Bogotá.

Ley General de Educación (1994). Diario Oficial de la República de Colombia, Bogotá, Colombia, 08 de febrero de 1994.

Lizarazo, F (2008). *Estrategias constructivistas para el desarrollo de competencias en Ciencias naturales y Educación ambiental*. Universidad Industrial de Santander, Bucaramanga.

Londoño, D (2014). *Secuencia didáctica para la construcción de conocimientos sobre la mecánica de fluidos en estudiantes del grado octavo*. Universidad Nacional de Colombia. Medellín.

Martínez, N. (2003). *Visión constructivista dinámica para la enseñanza de las ciencias.* Departamento de Didáctica de la Matemática y de las Ciencias Experimentales.

Martínez y Rodríguez. (1998).*La Educación Superior en el siglo XXI* París. UNESCO. (Informe final).

Ministerio de Educación Nacional. (1998). *lineamientos curriculares de Ciencias Naturales*. Bogotá Distrito Capital: Magisterio.

Ministerio de Educación Nacional (2004). Al tablero N° 30 El periódico de un país que educa y se educa.

Ministerio de Educación Nacional (2004). Estándares curriculares, un compromiso con la excelencia. Al tablero N° 14 El periódico de un país que educa y se educa.

Ministerio de Educación Nacional (2006). *Estándares Básicos de Competencias en Ciencias Naturales y Ciencias Sociales. Formar en ciencias: ¡el desafío!* Santa Fe de Bogotá, Ministerio de Educación Nacional.

Ministerio de Educación Nacional (2015). *Evaluación de los resultados de la implementación del Programa de Fortalecimiento de la Cobertura con Calidad para el Sector Educativo Rural PER fase II, en su población beneficiaria identificando los efectos (esperados y no esperados) de la intervención sobre sus variables objetivo.*

Montoya Vargas, J. (2016) El campo de los estudios curriculares en Colombia. – Bogotá: Universidad de los Andes, Vicerrectora de Investigaciones, Uniandes, 2016. (p.67)

Muñoz Quintero, A. M. (2014). *La Indagación como Estrategia para favorecer la enseñanza de las Ciencias Naturales.* Tesis de magister en enseñanza de las ciencias exactas y naturales. Universidad Nacional de Colombia, Sede Palmira.

Narvaez Burgos, I. (2014). *La indagación como estrategia en el desarrollo de competencias científicas, mediante la aplicación de una secuencia didáctica en el área de ciencias naturales en grado tercero de básica primaria.* Tesis de magister en enseñanza de las ciencias exactas y naturales. Universidad Nacional de Colombia, Bogotá.

Panqueva. (2003) Una aproximación histórica al concepto de currículo. Documento electrónico disponible en:

http://integral.objectis.net/Educacion/SeminarioCurriculoPanqueva/PanquevaAproximacion%20historica%20del%20curriculo.doc/view?searchterm=curriculo recuperado el 10 de octubre de 2016.

Posner, G. (2005). *Análisis del currículo*. Mc Graw Hill. México.

Pozo, J.I y Gómez Crespo, M. A. (2006). *Aprender y enseñar ciencia*. Segunda edición. Ediciones Morata, S.L. Madrid.

Richey, F. 2002. Estimación de Promedios. p .99-125. Mcgraw-hill. México.

Rodríguez, C. (2007). *Didáctica de las ciencias económicas*, Eumed. net.

Roncal, F. (2004) *Pedagogía del Aprendizaje*. Programa Lasallista de Formación Docente Departamento de Educación Distrito de Centroamérica Diplomado en Pedagogía y Calidad Educativa. Guatemala.

Sánchez, F. (2003). La enseñanza de las Ciencias Naturales en la escuela primaria: Una Estrategia Constructivista. Tesis de Maestría. Universidad Pedagógica Nacional. Bogotá.

Secretaría de Educación de Bogotá. (2011). *Orientaciones para el área de Ciencias Naturales*. Currículo para la excelencia académica y la formación integral.

Vera García, E. (2009). *El Constructivismo Aplicado en la Enseñanza del Área de Ciencias Sociales en el grupo 8B en la Institución Educativa Ciro Mendía*. p. 1-106.

Vygotsky, L. (1978). Mind in society. Cambridge, MA.: Harvard University Press.

Woolfolk, A. (1999) Psicología Educativa. Prentice Hall. Séptima edición. México.

Yaber, I. (2011). "Enseñanza de las ciencias basada en indagación". Consultado el 06 de Noviembre, 2016. En: http://www.slideshare.net/UTBenlaescuela/2-diapositiva-indagacionguiada.

ANEXOS

ANEXO 1. PRE-TEST DE CONOCIMIENTOS PREVIOS

INSTITUCIÓN EDUCATIVA TÉCNICA

PRE-TEST PROPIEDADES DE LA MATERIA

NOMBRE: ____GRADO: ___________

Lee atentamente el siguiente texto y responde las preguntas 1 y 2

La materia está presente en todos los objetos observables que conocemos, y hace que éstos tengan determinadas características que conocemos como propiedades de la materia. Existen dos tipos de propiedades: generales y específicas.

Propiedades generales: nos brindan información acerca de la sustancia, pero no nos permite identificarla ni diferenciarla. Estas son:
- **Masa.** Es la cantidad de materia que posee un objeto.
- **Volumen.** Es el espacio que ocupa un objeto.
- **Peso.** Depende de la masa, pero también de la fuerza de gravedad presente.

Propiedades específicas: nos permiten a simple vista diferenciar un cuerpo de otro. Estas son:
- **Densidad.** Masa de un cuerpo contenida en una unidad de volumen.
- **Solubilidad.** Capacidad que tiene una sustancia para disolverse en otras a una temperatura determinada.
- **Dilatación.** Aumento del volumen de un cuerpo por efecto de la temperatura (calor).

1. Todas las esferas están hechas del mismo material, pero cuál de las cuatro contiene más masa.

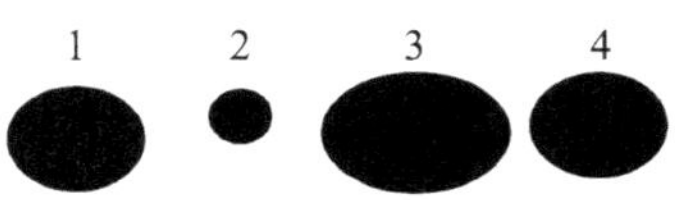

A. 1
B. 2
C. 3
D. 4

2. Según el texto sobre la materia, que concepto falta en el mapa conceptual

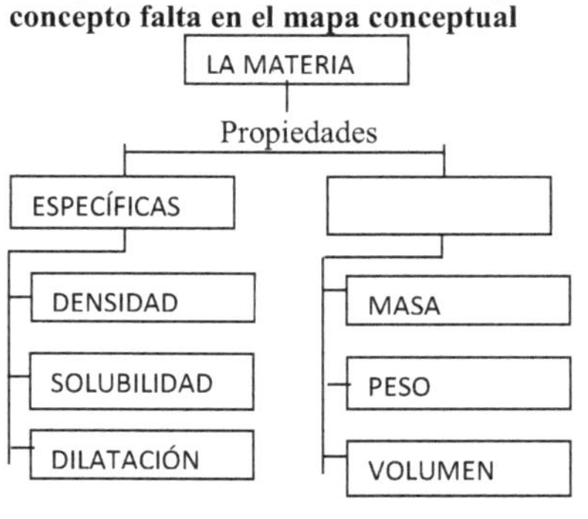

A. Masa
B. Generales
C. Densidad
D. Específicas.

3. Las propiedades físicas de la materia son aquellas que al medir u observar una sustancia esta no cambia su composición química a diferencia de las propiedades químicas en donde la materia cambia de composición, por ejemplo cuando se oxida una puntilla. Si solo me dicen que determinado objeto tiene una masa de 7Kg. Esta información corresponde a una propiedad.

A. Química.
B. Física.
C. General.
D. Atómica.

4. Observa los cubos e identifica cuáles tienen igual volumen

Cubo 1 Cubo 2 Cubo 3 Cubo 4

A. Cubos 3 y 4
B. Cubos 2 y 4
C. Cubos 1 y 2
D. Cubos 1 y 4

5. Entre un kilo de hierro y un kilo de algodón varía:

A. Su peso.
B. Su volumen.
C. Su masa.
D. Su densidad.

6. Un niño mete un juguete en la nevera para ver cómo cambia su volumen cuando baja la temperatura. Él registró los datos en la siguiente tabla pero olvidó tomar los datos a los 120 minutos.

Tiempo (minutos)	Temperatura (°C)	Volumen (cm^3)
30	30	32
60	25	16
90	20	8
120		

De acuerdo con la tabla, ¿qué datos le faltaron?

A. 10°C y 4 cm3
B. 15°C y 2 cm3
C. 10°C y 2 cm3
D. 15°C y 4 cm3

7. María realizó el siguiente experimento.

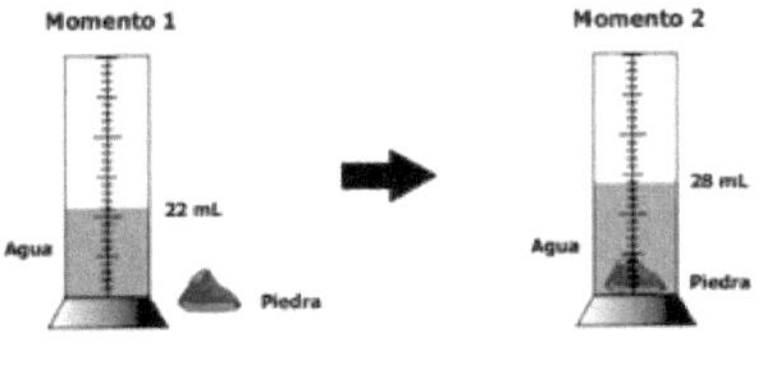

Con este experimento, María puede comprobar la siguiente hipótesis: Si coloca la piedra en el recipiente con agua,

A. la piedra cambiará sus propiedades físicas. B. la piedra aumentará su tamaño.

C. el agua cambiará sus propiedades físicas.

D. aumentará el volumen dentro del recipiente.

Contesta las preguntas 8 y 9 teniendo en cuenta la siguiente información.

Tu profesora realiza un experimento en el que coloca tres cubos de igual volumen en una balanza, como se muestra en el siguiente dibujo.

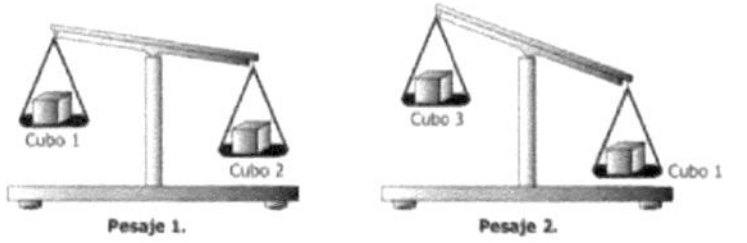

8. De acuerdo con lo que observas en el dibujo anterior, es correcto afirmar que la masa

A. de los cubos 1 y 2 es igual.
B. del cubo 1 es mayor que la masa del cubo 2.
C. de los cubos 2 y 3 es igual.
D. del cubo 3 es menor que la masa del cubo 2.

9. Pedro mete los cubos 1 y 2 en un recipiente con agua. Si Pedro sabe que el cubo 1 es más liviano que el agua, el dibujo que representa correctamente la posición de los cubos 1 y 2 en el agua es

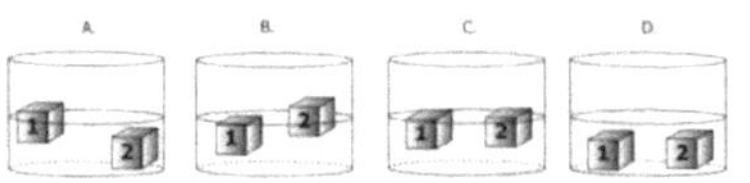

10. La densidad es una propiedad característica de las sustancias y depende de la masa y el volumen correspondiente a una determinada cantidad de materia; mientras mayor sea la cantidad de materia contenida en una unidad de volumen, mayor será la densidad de esa sustancia y viceversa. La relación masa/volumen es un valor constante para cada sustancia, a presión y temperatura constantes.

Teniendo en cuenta la anterior información y según la imagen los objetos más densos son:

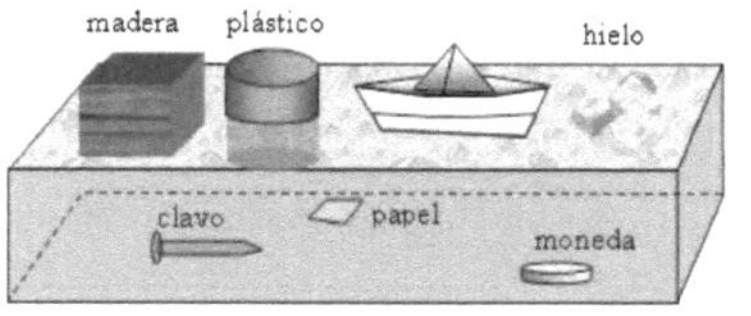

A. La madera, el plástico y el barco de papel.
B. El barco de papel, el hielo y la moneda.
C. El clavo y la moneda.
D. El hielo, el papel y la madera.

ANEXO 2. FORMATO PARA OBSERVAR Y VALORAR CLASES[2]

Primera parte. Ambiente del aula de clase

PERSPECTIVA	INDICADORES	Nº	EVIDENCIAS	RESPUESTAS				
PERSPECTIVA 1: AMBIENTE DEL AULA DE CLASE	Hay en el aula un ambiente de respeto.	1	Rechaza y detiene una o más burlas entre estudiantes	Sí	No	NA		
		2	Saluda a los estudiantes cuando entran o al inicio de la clase	Sí	No	N/A		
		3	Es respetuoso con los estudiantes (ni burlas ni humillaciones)	Sí	No			
		4	Trata a todos los alumnos por igual	Sí	No			
	Hay un entorno organizado que promueve el aprendizaje.	5	Hace referencia al trabajo de clases anteriores	Sí	No			
		6	Los estudiantes hacen preguntas relacionadas con el tema de clase	Número de veces:				
		7	Le habla a los estudiantes por su nombre	Todos/ Casi todos	La mayoría de estudiantes	Pocos estudiantes	Ningún/Casi ninguno	
		8	Incluye en actividades/discusiones a estudiantes que NO están involucrados	Siempre/ Casi siempre	La mayoría de las veces	Pocas veces	Nunca/ Casi nunca	N/A
		9	Da instrucciones claras para el desarrollo de las actividades	Siempre/ Casi siempre	La mayoría de las veces	Pocas veces	Nunca/ Casi nunca	N/A
		10	Los estudiantes participan, están activos, involucrados en clase	Todos/ Casi todos	La mayoría de estudiantes	Pocos estudiantes	Ningún/Casi ninguno	
		11	Tiene rutinas eficientes para los procedimientos de clase	Sí	No			
	Hay normas de comportamiento y convivencia y se cumplen.	12	Tiene normas de convivencia y se cumplen	Siempre/ Casi siempre	La mayoría de las veces	Pocas veces	Nunca/ Casi nunca	
		13	Cuando habla un estudiante, los demás están atentos	Siempre/ Casi siempre	La mayoría de las veces	Pocas veces	Nunca/ Casi nunca	N/A
		14	Se corrigen respetuosamente entre ellos	Sí	No			
		15	Los estudiantes levantan la mano para participar	Siempre/ Casi siempre	La mayoría de las veces	Pocas veces	Nunca/ Casi nunca	N/A
COMENTARIOS:								

[2] Tomado de: Foro Educativo Nacional 2015. "Mejores prácticas de aula: clases inspiradoras". Documento orientador. Bogotá.

Segunda Parte. Didáctica utilizada en el aula de clase

<table>
<tr><th></th><th>INDICADORES</th><th>Nº</th><th>EVIDENCIAS</th><th colspan="5">RESPUESTAS</th></tr>
<tr><td rowspan="15">PERSPECTIVA 2:DIDÁCTICA UTILIZADA EN EL AULA DE CLASE</td><td rowspan="3">Se comunica efectivamente con los alumnos.</td><td>16</td><td>Se pone a la misma altura física de los estudiantes al hablar de manera individual con un estudiante o un grupo</td><td>Siempre/Casi siempre</td><td>La mayoría de las veces</td><td>Pocas veces</td><td>Nunca/Casi nunca</td><td>N/A</td></tr>
<tr><td>17</td><td>Mantiene contacto visual al exponer o explicar algo</td><td>Siempre/Casi siempre</td><td>La mayoría de las veces</td><td>Pocas veces</td><td colspan="2">Nunca/Casi nunca</td></tr>
<tr><td>18</td><td>Volumen de voz suficientemente alto para ser escuchado de lejos</td><td colspan="2">Sí</td><td colspan="3">No</td></tr>
<tr><td rowspan="7">Utiliza estrategias que fomentan el aprendizaje activo y el pensamiento crítico.</td><td>19</td><td>Hace preguntas que ayudan a que los estudiantes profundicen y espera a que respondan (ej. ¿por qué? ¿cómo? Explícame más)</td><td colspan="5">Número de veces:</td></tr>
<tr><td>20</td><td>Da tiempo adecuado para cada actividad</td><td>Siempre/Casi siempre</td><td>La mayoría de las veces</td><td>Pocas veces</td><td>Nunca/Casi nunca</td><td>N/A</td></tr>
<tr><td>21</td><td>Las actividades en clase son pertinentes para el aprendizaje</td><td>Siempre/Casi siempre</td><td>La mayoría de las veces</td><td>Pocas veces</td><td>Nunca/Casi nunca</td><td>N/A</td></tr>
<tr><td>22</td><td>Ayudan a recordar qué se hizo en clases anteriores</td><td colspan="2">Sí</td><td colspan="3">No</td></tr>
<tr><td>23</td><td>Hay un trabajo cooperativo entre los estudiantes</td><td colspan="2">Sí</td><td colspan="3">No</td></tr>
<tr><td>24</td><td>Si la anterior respuesta fue sí, responda la siguiente pregunta: ¿Se identifica que los estudiantes tienen roles definidos?</td><td colspan="2">Sí</td><td colspan="3">No</td></tr>
<tr><td>25</td><td>Comunica los objetivos de aprendizaje</td><td colspan="5">Número de veces:</td></tr>
<tr><td rowspan="5">Utiliza la evaluación continua como una herramienta de aprendizaje.</td><td>26</td><td>Hace preguntas a los estudiantes durante la clase para verificar su comprensión</td><td colspan="5">Número de veces:</td></tr>
<tr><td>27</td><td>Les da retroalimentación "instantánea" a los estudiantes sobre sus respuestas</td><td>Sí</td><td colspan="4">No</td></tr>
<tr><td>28</td><td>Hace comentarios sobre el buen desempeño</td><td colspan="5">Número de veces:</td></tr>
<tr><td>29</td><td>Al asignar una actividad, el profesor rota por el salón monitoreando el aprendizaje</td><td>Siempre/ Casi siempre</td><td>La mayoría de las veces</td><td>Pocas veces</td><td>Nunca /Casi nunca</td><td>N/A</td></tr>
<tr><td>30</td><td>Se asegura de que los estudiantes entiendan</td><td colspan="2">Sí</td><td colspan="3">No</td></tr>
<tr><td colspan="9">COMENTARIOS:</td></tr>
</table>

ANEXO 3. POST-TEST PARA VALORAR APRENDIZAJE AL FINAL DE LA IMPLEMENTACIÓN

INSTITUCIÓN EDUCATIVA TÉCNICA

POST-TEST PROPIEDADES FÍSICAS DE LA MATERIA

NOMBRE: ______________________________________GRADO: __________

1. La gravedad es la fuerza con la que cuerpos celestes como la Tierra y la Luna atraen los objetos hacia el suelo. Se sabe que la gravedad en la Tierra es diferente a la de la Luna debido a la diferencia de sus masas. Al dejar caer dos balones idénticos y desde una misma altura, uno en la Tierra y el otro en la Luna, se puede predecir que

A. caerá más rápido en la Luna porque su gravedad es mayor que la de la Tierra.
B. caerá más rápido en la Tierra porque su gravedad es mayor que la de la Luna.
C. caerán con la misma velocidad porque los balones son idénticos y la altura es la misma.
D. caerá más rápido en la Luna porque su gravedad es menor que la de la Tierra.

2. Teniendo en cuenta la siguiente imagen se espera que los valores de las densidades de las sustancias sean en su orden de manera ascendente

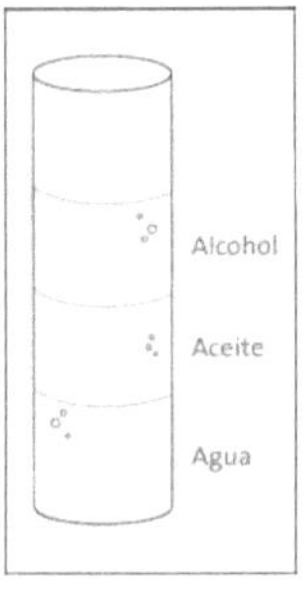

A.0,74 g/cm^3, 1,025 g/cm^3 y 1,24 g/cm^3.
B. 0,98 g/cm^3, 0,91 g/cm^3 y 0,89 g/cm^3
C. 0,74 g/cm^3, 0.89 g/cm^3 y 0,91 g/cm^3
D. 1,025 g/cm^3, 0,95 g/cm^3 y 2,56 g/cm^3

3. El peso de una sustancia depende del lugar donde se halla situada. Si un cuerpo de masa m se halla en un lugar donde la gravedad se reduce una cuarta parte, podemos afirmar que su peso

A. no varía.
B. se reduce una cuarta parte.
C. se duplicó.
D. aumenta una cuarta parte.

CONTESTE LAS PREGUNTAS 4 Y 5 DE ACUERDO CON LA SIGUIENTE GRÁFICA.

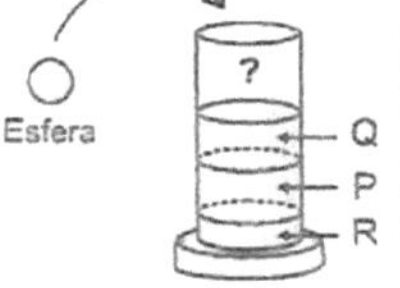

Sustancias	Densidad
Esfera	1,5 g/cm^3
Q	0,86 g/ml
P	1 g/ml
R	13,6 g/ml

4. Al dejar caer la esfera en la probeta, lo más probable es que

A. flote sobre la superficie de Q por ser esférica.
B. quede en el fondo, por ser un sólido.
C. flote sobre P por tener menos volumen.
D. quede suspendida sobre R por su densidad.

5. Si se pasa el contenido de la probeta a otra, es probable que

A. Q, P y R formen una solución.
B. Q quede en el fondo, luego P y en la superficie R.
C. P y Q se solubilicen y R quede en el fondo.
D. P, Q y R permanezcan iguales.

6. Una de las formas para determinar el volumen de un sólido, es sumergiéndolo en una probeta o recipiente graduado que contenga agua, como se observa en la figura. De acuerdo con esto se puede plantear la siguiente hipótesis

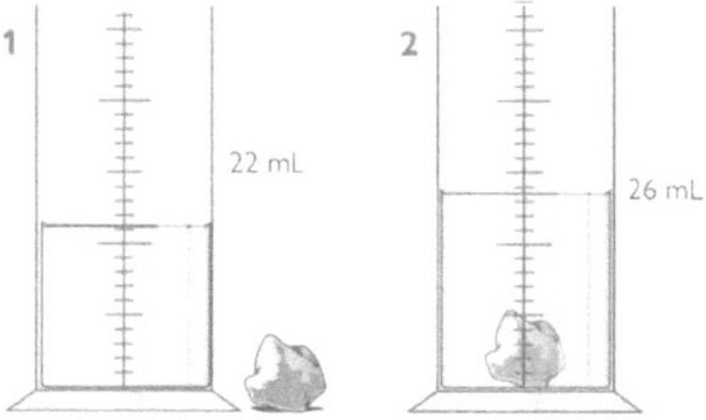

A. El volumen de agua no se altera al introducir el sólido.
B. El volumen del sólido experimenta un cambio.
C. El sólido modifica la estructura química del líquido.
D. Al introducir el objeto ocurre un desplazamiento del agua igual al del volumen del sólido.

7. Saturno es un planeta de mayor masa que la Tierra. Si un hombre que pesa 70 kilogramos en la Tierra se pesara en Saturno, su peso sería.

A. Igual a su peso en la Tierra
B. Mayor que su peso en la Tierra
C. El doble de su peso en la Tierra
D. Menor que su peso en la Tierra

8. Cuando el agua se congela, su densidad disminuye aproximadamente de 1 g/ml a 0.91 g/ml. Al formarse el hielo es válido afirmar que.

A. la masa y el volumen del agua disminuyen.
B. la masa del agua disminuye y su volumen aumenta.
C. el volumen del agua aumenta y su masa permanece constante.
D. el volumen del agua permanece constante y su masa aumenta.

9. De los objetos que se indican en el diagrama, ¿cuál(es) tienen masa y volumen?

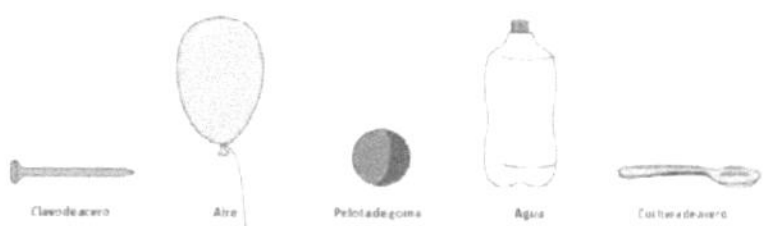

A. El clavo de acero y el aire del globo.
B. El clavo de acero, la pelota de goma, el aire del globo, el agua de la botella y la cuchara de acero.
C. El aire del globo y el agua de la botella.
D. El agua de la botella y la cuchara de acero.

10. Los globos que se encuentran en ambos brazos de la balanza poseen las mismas características. Al observar el globo inflado con aire, podemos decir que:

A. el aire no posee masa ni volumen por lo tanto no es materia.
B. el aire dentro del globo posee volumen, es decir está ocupando un espacio.
C. el aire dentro del globo posee masa.
D. alternativas B y C son correctas y esto corrobora que el aire es materia.

ANEXO 4. DIARIO DE CAMPO

Fecha: 2 Noviembre de 2016. Area Ciencias Naturales.

Hora: Docente Diana Sierra

Grado: 6-02. Institución

Se dio inicio a la clase 10:30 esperando que los alumnos llegaran de la clase de Educación física se corroboró la asistencia y se procedió a explicar como íbamos a llevar a cabo la actividad. Al verificar la asistencia no todos los alumnos se encontraban ya que algunos estaban cortandose el cabello así que hasta las 11:30 los alumnos todavía estaban ingresando al aula, lo que generó distracción. Por otra parte, para dar inicio les dije a los alumnos que sacaran la secuencia para empezar la lectura a lo que tres personas mencionaron que se les había quedado, esto también generó dificultad para iniciar la actividad., así que tocó esperar que fueran y sacaran copia. Mientras tanto los otros 3 grupos estaban haciendo la lectura la cual se dio 20 min para realizarla, se observa nuevamente el mismo inconveniente y es que no hacen una buena lectura, porque mientras el relator hace la lectura, los compañeros se levantan del puesto o comienzan hablar entre ellos, así que me toca pasar por los grupos continuamente para que hagan una buena lectura

Una vez terminado el tiempo se procedió a realizar la socialización. Nuevamente tocó reiterar que hagan silencio para poder realizar la actividad.

Para la socialización se empiezan a lanzar preguntas de ¿qué es masa? ante esto los grupos participan y también se observa que algunos lo asocian con volumen, este proceso no es continuo ya que se ve interrumpido por los alumnos haciendo preguntas que no tienen nada que ver con el tema como por ejemplo cuando Ouberto pregunta ¿Profe, mañana usted va a ir a piscilago? Se retoma nuevamente la actividad y se observa mucha participación de los estudiantes con aportes originales, además empiezan a surgir preguntas como la de la alumna Ashley Luna ¿Profe, eso quiere decir que nosotros tenemos volumen? ante lo cual ellos mismos se contestaron que sí, y dieron ejemplos.

Algo que se logro ver a su vez que alumnos como Dayana

que muy poco participa, lo hacia continua/. y con inferencias muy bien argumentadas, al igual que la alumna Piñeres, Diego y Pinzon que muy poco intervenian en clase.

Durante la clase tocó realizarle observación a Kevin Jimenez, debido a que cuando le lancé una pregunta a este, otro compañero, Lombana le dijo, "mínimo no va a contestar" a lo cual el le contestó "Acaso cree que yo soy igual de tonto a usted". Ademas en reiteradas ocasiones le pedia que trabajara en el grupo e hiciera silencio lo cual no acató.

Por otra parte un grupo tocó dividirlo debido a que interrumpían constante/ la clase, es reiterativo el llamado de atención que se le hace a este grupo y no atienden las sugerencias.

La clase fue muy interrumpida por el mal comportamiento de varios integrantes del grupo, y observo que esto sucede comunmente cuando tengo la última hora de clase con ellos y previa/ tienen clase de educación física, porque cuando tengo la primera hora de clase no se presenta tanto conflicto entre ellos y dispersión.

Ademas durante la socialización se puede determinar que los alumno presentan dificultad para comprender el (tema) concepto de Densidad, el mismo concepto que en el pre-test no lograron contestar bien, es decir que no tienen un pre-concepto claro del mismo y al explicarlo tambien genero un poco de dificultad.

En general se pudo ver un mal comportamiento del alumnado donde se presentan continuamente conflictos no hay respeto entre ellos, se golpean, se dirigen de manera despectiva hacia el compañero, toman objetos sin permiso, esto es una constante en este grupo. Cabe resaltar que cuando ellos quieren intervenir y estudiar hacen intervenciones con calidad argumentativa y buen pensamiento científico.

La clase terminó a las 12:15 medio dia.